精准扶贫丛书
种养致富系列

食用菌栽培
致富图解

吴圣进　主　编

韦仕岩　陈雪凤　王灿琴
吴小建　苏启臣　副主编

广西科学技术出版社

图书在版编目（CIP）数据

食用菌栽培致富图解 / 吴圣进主编. —南宁：广西科学
技术出版社，2017.12（2018.10重印）
ISBN 978-7-5551-0927-3

Ⅰ.①食… Ⅱ.①吴… Ⅲ.①食用菌—蔬菜园艺—图解
Ⅳ.①S646-54

中国版本图书馆CIP数据核字（2017）第310934号

食用菌栽培致富图解
吴圣进　主　编
韦仕岩　陈雪凤　王灿琴　吴小建　苏启臣　副主编

责任编辑：黎志海　张　珂		封面设计：苏　畅	
责任印制：韦文印		责任校对：石　芮	

出 版 人：卢培钊
出版发行：广西科学技术出版社　　　　　社　　　址：广西南宁市东葛路66号
邮政编码：530023　　　　　　　　　　网　　　址：http://www.gxkjs.com

经　　销：全国各地新华书店
印　　刷：广西民族印刷包装集团有限公司
地　　址：南宁市高新区高新三路1号　　　邮政编码：530007
开　　本：787mm×1092mm　1/16
印　　张：6　　　　　　　　　　　　　　字　　数：94千字
版　　次：2017年12月第1版　　　　　　印　　次：2018年10月第3次印刷
书　　号：ISBN 978-7-5551-0927-3
定　　价：22.00元

精准扶贫丛书
种养致富系列

SHIYONGJUN ZAIPEI ZHIFU TUJIE

食用菌栽培致富图解

吴圣进　主　编

韦仕岩　陈雪凤　王灿琴
吴小建　苏启臣　副主编

广西科学技术出版社

前　言

　　食用菌是指能形成大型肉质（或胶质）子实体或菌核组织的、可供食用的高等真菌的总称。据统计，截至2000年中国的食用菌有938种，可人工栽培的有50多种。其中，常见的栽培品种有双孢蘑菇、平菇、黑木耳、毛木耳、香菇、金针菇、草菇、灵芝、秀珍菇、杏鲍菇、茶树菇、鸡腿菇、榆黄蘑、猴头菇、竹荪、银耳、大杯蕈、金福菇、姬菇、北虫草、蟹味菇、黄伞等20多种。

　　食用菌不仅味道鲜美，而且营养丰富，其蛋白质含量是一般蔬菜和水果的数倍至数十倍。食用菌富含人体必需的各种氨基酸、多种维生素和矿物质元素，但其脂肪含量却很低，是一种理想的健康食品。同时，许多食用菌含有各种功能活性成分，具有良好的药用保健价值。因此，食用菌的开发前景非常广阔。

　　食用菌栽培不与人争粮、不与粮争地、不与地争肥、不与农争时，以农林副产品为主要栽培原料，可充分利用废弃资源，缓解废弃物对生态卫生和环境的污染威胁，兼具良好的经济效益、生态效益和社会效益。同时，食用菌栽培具有投资小、周期短、见效快的特点，在帮助农民脱贫和快速致富、发展农村经济中发挥着重要的作用。本书以图解方式展示食用菌袋料栽培技术，希望能满足初入行的菇农对学习食用菌栽培技术的需求。

　　由于编写时间较紧，袋料栽培涉及食用菌品种多，本书偏重介绍各品种的共性技术，未能在各品种不同的细节要求上做详细描述，不尽完善之处，敬请专家、读者指正。

目　录

第一章 常见的袋料栽培食用菌品种

平菇

毛木耳

榆黄蘑

秀珍菇

鸡腿菇

香菇

猴头菇

黑木耳

鹿角灵芝

大杯蕈

茶树菇

金针菇

金福菇

银耳

长根菇

杏鲍菇

3

第二章　食用菌袋料栽培的工艺流程

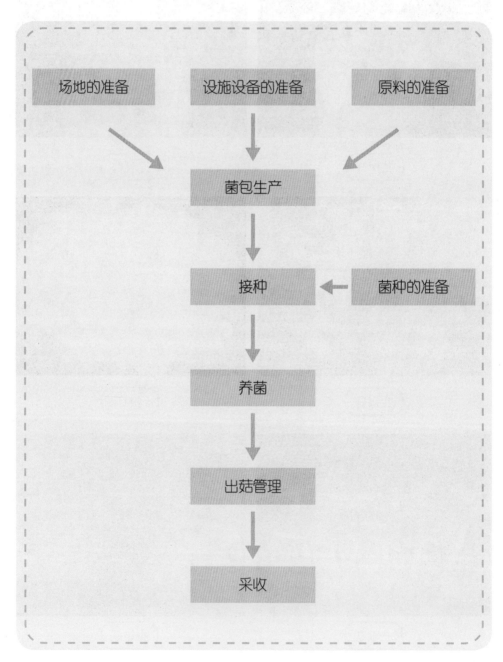

一、食用菌袋料栽培所需的场地条件

1. 场地环境条件

食用菌袋料栽培的场地要求有清洁的水源，用电便利，交通方便，地势平坦，排水通畅，空气清新，卫生良好，尽量远离家畜和家禽养殖场所。

2. 场地主要功能区

（1）原料区

采用遮雨棚或露天场地，主要用于各种原料的堆放，及使用前预湿等处理。原料区应尽量与灭菌、接种和养菌等区域隔离分开。

遮雨棚场地

露天场地

（2）菌包制备区

多采用半敞开式高棚。棚高约5米，面积为100平方米以上，主要用于原料的配制、拌匀、装袋和灭菌设备的放置和操作处理。

半敞开式高棚

原料配制区域

装袋区

灭菌区

（3）接种区

可在养菌大棚或专用的接种房进行灭菌后菌包的接种操作，要求卫生条件好。

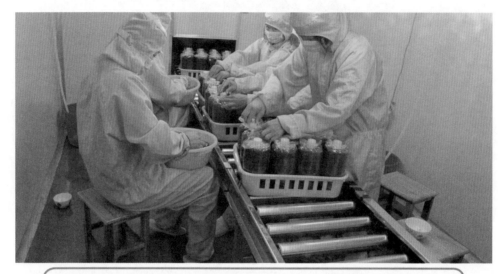

专用接种房：不宜太大，面积约20平方米，可封闭消毒，尽量少放杂物

养菌大棚接种：最好在接种箱内接种，也可直接在养菌大棚内开放式接种

（4）养菌区

多采用遮阳塑料大棚作为养菌区，也可用旧屋房间。养菌区用于接种后菌包的堆放培养，要求阴凉、避光、通风良好。

遮阳塑料大棚养菌

旧屋养菌

（5）出菇区

多采用遮阳塑料大棚，用于排开摆放发满菌丝的菌包，以利于出菇。

竹木结构遮阳出菇棚

钢架结构遮阳出菇塑料大棚

（6）采收后处理区

多利用房间的空场地，主要用于采收后菇的清理、分类、包装、冷藏、干燥等操作。

菇采收后处理

二、食用菌袋料栽培中常用的设施设备

1. 拌料机械

用于将培养料翻拌或搅拌均匀。

翻料机

搅拌机

2. 装袋机

平菇装袋机

香菇、木耳装袋机

冲压式装袋机

3. 灭菌设备

常压蒸汽锅炉：用于产生高温蒸汽

高压蒸汽锅炉：用于产生高温蒸汽

高压灭菌锅：用于装入需消毒的菌包，封闭后接入高压蒸汽锅炉的高温蒸汽进行灭菌，蒸汽温度可达126℃以上

灭菌房：用于装入需消毒的菌包，封闭后接入常压蒸汽锅炉的高温蒸汽进行灭菌，温度可达100℃以上。房间不宜太大，长×宽×高约为3米×2米×2.5米，房间内壁应贴木板或泡沫板等保温材料，地面用木板铺设，木板下方布设蒸汽管道

太空包：直接在地面铺设2块砖块，砖块缝隙间布设蒸汽管道，再在砖块上面铺设木板，将需消毒的食用菌菌包堆放在木板上，堆好后用较厚的帆布包好密封，形成太空包，接入常压蒸汽锅炉的高温蒸汽进行灭菌，温度可达100℃以上

太空包灭菌灶：采用农村土灶，灶上放置铁锅烧水；锅上铺设木板，将需要消毒的菌包堆放在木板上，堆好后用帆布包好密封，形成太空包；铁锅烧水产生的高温蒸汽进入太空包进行灭菌，温度可达100℃以上

常压灭菌锅：在土灶上放置铁锅烧水，烧水可产生高温蒸汽，铁锅上是固定的容器，内装需要消毒的菌包；容器可用双层铝片中间夹保温材料制成，或用保温砖砌成，也可用铁板、木板等其他材料制作。温度为100℃左右

4. 接种箱

接种箱：主要用于菌包的接种，为接种提供相对无菌的环境

三、食用菌袋料栽培所需的其他物资

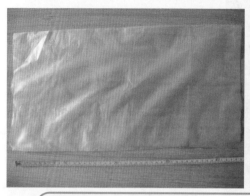 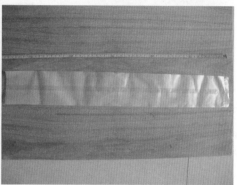

聚乙烯袋：大小约为22厘米×46厘米（左）和15厘米×55厘米（右）

菌袋：大小为17厘米×33厘米的聚丙烯袋（上）或聚乙烯袋（下）

出菇圈：用于固定菌包袋口，形成出菇口

无棉盖体：用于固定菌包袋口，在菌丝生长阶段有利于透气和防止灰尘进入

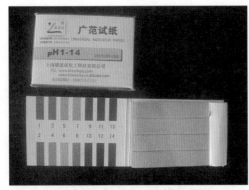

pH试纸：用于pH值的测定

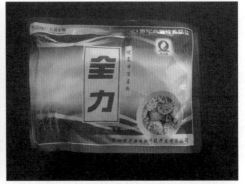

烟雾消毒剂：用于空间消毒

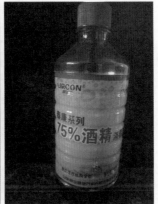

新洁尔灭（左）：用
于地面、墙壁和容器
表面的消毒；
75%酒精（右）：用
于操作人员的手、容
器表面的消毒

杂菌清（左）：预
防杂菌的药剂；
防虫灵（右）：食
用菌专用杀虫药剂

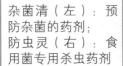

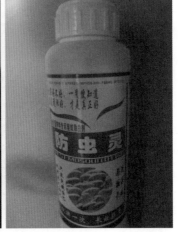

第三章 食用菌袋料栽培常用的原料

甘蔗渣

玉米芯

杂木木粒

杂木木屑

棉籽壳

桑枝屑

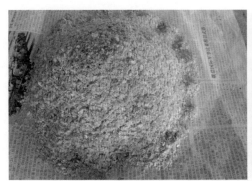

麦麸

轻质碳酸钙

过磷酸钙

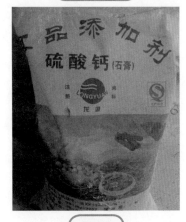

硫酸钙

白糖

石灰

第四章　食用菌袋料栽培技术

袋料栽培食用菌的主要技术步骤：

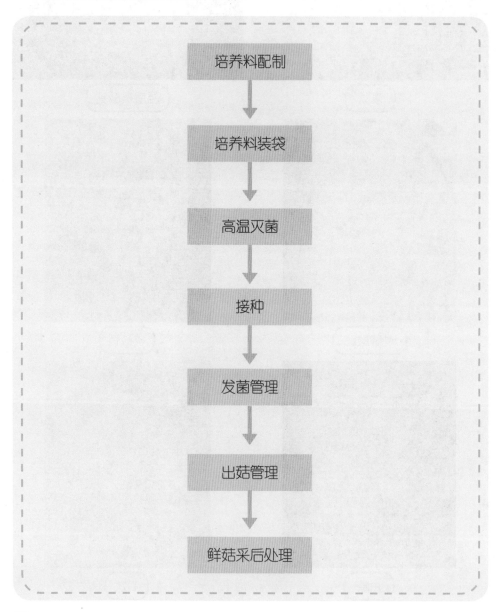

培养料配制

↓

培养料装袋

↓

高温灭菌

↓

接种

↓

发菌管理

↓

出菇管理

↓

鲜菇采后处理

一、培养料配制

培养料是食用菌的营养来源，要求营养搭配合理，水分和酸度适宜。使用的原料要求新鲜、无霉变。

1. 主要食用菌品种的栽培原料配方

品种	配方
平菇、秀珍菇、榆黄蘑	配方1：甘蔗渣75%，麦麸（或米糠）20%，过磷酸钙1%，石膏1%，石灰3%（pH=8.0）
	配方2：杂木屑75%，麦麸（或米糠）17%，花生麸3%，过磷酸钙1%，石膏1%，白糖1%，石灰2%（pH=8.0）
	配方3：甘蔗渣40%，杂木屑35%，麦麸（或米糠）20%，过磷酸钙1%，石膏1%，石灰3%（pH=8.0）
	配方4：桑枝屑25%，棉籽壳25%，杂木屑17%，木粒10%，麸皮（或米糠）20%，轻质碳酸钙1%，石灰2%（pH=8.0）
香菇、木耳、大杯蕈	配方1：杂木屑78%，麦麸（或米糠）17%，蔗糖1%，过磷酸钙1%，石膏2%，玉米粉1%
	配方2：杂木屑60%，棉籽壳20%，麸皮（或米糠）18%，石膏1%，蔗糖1%

续表

品种	配方
鸡腿菇	配方1：甘蔗渣75%，麦麸（或米糠）20%，过磷酸钙1%，石膏1%，石灰3%（pH=8.0） 配方2：杏鲍菇废料60%，棉籽壳31%，玉米粉7%，尿素0.5%，石灰1.5%（pH=8.0） 配方3：稻草72%（粉碎），麦麸（或米糠）23%，石膏2%，过磷酸钙1%，石灰2%（pH=8.0）
茶树菇	配方1：棉籽壳80%，麦麸（或米糠）16%，磷肥1%，石膏1%，石灰2%（pH=8.0） 配方2：木屑38%，棉籽壳37%，麦麸15%，玉米粉6%，石膏1%，黄糖1%，石灰2%
灵芝	配方1：杂木屑75%，麦麸（或米糠）20%，玉米粉3%，蔗糖1%，石膏1%（pH=6~6.5）
金福菇	配方1：棉籽壳27%，甘蔗渣25%，杂木屑25%，麦麸（或米糠）15%，玉米粉5%，石灰粉2%，石膏1% 配方2：桑枝屑77%，麦麸（或米糠）15%，玉米粉5%，石灰粉2%，石膏1%

2. 原料预湿

　　装袋前1~2天，应先将棉籽壳、木屑、甘蔗渣、玉米芯等主要原料喷水预湿，并建堆发酵，使水分渗入原料内部。注意水溶性营养成分含量高的辅料如麦麸、玉米粉、糖等不能提前加入。

原料喷水预湿

玉米芯和棉籽壳泡水预湿，泡8小时左右后捞起沥干水分

25

3. 原料混匀

　　将预湿好的原料稍摊开，均匀撒入其他辅料；水溶性辅料如白糖应先溶于水中，随水均匀洒入原料中。全部原料都加入后，通过人工或拌料机械将原料翻拌均匀。

加入辅料

人工拌料

翻料机拌料

4. 原料含水量判断

拌料时，应调节好水分，培养料水分含量应为60%～70%。含水量以用手使劲捏培养料，培养料有水渗出但不往下滴水时为宜。若无水渗出，说明水分不足，应喷水，并再次将原料拌匀。

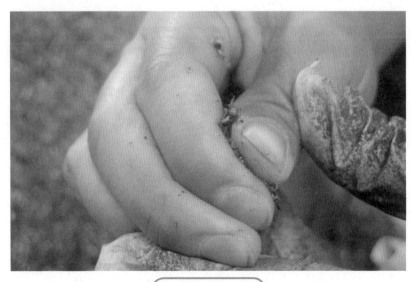

原料含水量判断

5. 原料pH值判断

　　拌料时，还应调节原料的pH值。不同食用菌品种对培养料pH值的要求不同，因此应根据品种调节原料pH值。原料pH值的调节是通过调节石灰的使用量实现，pH值可用pH试纸直接测定。

撕下一片pH试纸，放入培养料中后用力挤，使水分浸湿试纸。试纸浸湿后会因pH值不同而产生不同颜色

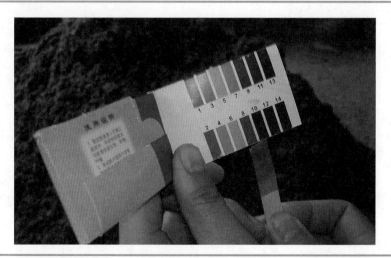

取出试纸，与pH试纸本上的比色卡对比，在比色卡上找出与试纸颜色相同的条形，其对应的数字即为培养料的pH值

二、培养料装袋

配制好的培养料应在当天完成装袋和装锅灭菌，不能留过夜。

1. 袋子规格

首先，根据灭菌温度选择对应的袋子。高压灭菌温度达126℃，必须选择聚丙烯袋；常压灭菌温度约100℃，则选择聚乙烯袋。

其次，根据品种选择不同规格的袋子。一般平菇、榆黄蘑、金福菇、鸡腿菇、大杯蕈等常采用22厘米×45厘米的筒料袋，香菇、木耳、银耳常采用15厘米×55厘米的长袋，秀珍菇、金针菇、杏鲍菇、茶树菇、长根菇、猴头菇等常采用17厘米×33厘米的短袋。

采用22厘米×45厘米的筒料袋（左）、15厘米×55厘米的聚乙烯袋（中）和17厘米×33厘米的聚乙烯袋（右）制备而成的菌棒

2. 装袋方式

培养料装袋方式有手工装袋和机械装袋，其中22厘米×45厘米的筒料袋和17厘米×33厘米的短袋装培养料时，两种装袋方式均可采用，而采用15厘米×55厘米的长袋时，手工装袋不方便，一般采用机械装袋。

手工装袋

机械装袋（平菇）

立式装袋机装袋（秀珍菇等）

卧式装袋机装袋（木耳、香菇）

装好的料袋要求饱满、松紧有度、上下均匀，培养料紧贴袋壁，袋子无折痕和空隙。装满料后，17厘米×33厘米的短袋每袋重约1.25千克（干料约0.5千克），15厘米×55厘米的长袋每袋重约1.75千克（干料约0.75千克）。装料完毕后用绳子扎袋口，或在袋口套上无棉盖体封口。

装袋好的筒料包，袋子规格为22厘米×45厘米，两头用塑料绳子活结系好封口。每袋重约2.5千克，折合干料约1千克

装袋好的长料包，袋子规格为15厘米×55厘米，一头开口，袋口用绳子或铝扣封口。每袋重约1.75千克，折合干料约0.75千克

装袋好的短料包，袋子规格为17厘米×33厘米，一头开口，袋口套无棉盖体，也可用塑料绳子活结系上封口。每袋重约1.25千克，折合干料约0.5千克

三、高温灭菌

高温灭菌是通过高温将培养料中所含的杂菌和害虫等全部杀灭的过程。高温灭菌有利于接种后食用菌菌丝健壮生长，主要操作步骤包括装锅、灭菌和出锅。培养料装袋完毕应及时装锅灭菌，不要留至第二天才灭菌。

1. 菌包装锅

（1）装锅注意事项

①将菌包搬入灭菌容器前，应将菌包表面附着的杂物清理干净。

②菌包在灭菌容器内按层摆放，菌包按一层横一层竖呈井字形堆放，以利于高温蒸汽的通畅。

③堆放时，每5～6层设1层支架，避免堆放太高导致下层菌包被压扁。

④搬放菌包时应避免袋子损坏。

（2）装锅方式

料袋井字形堆放装锅

短料袋竖向堆放装锅

料袋框装层架堆放装锅

2. 高温灭菌

装锅完毕，立即将高温消毒容器密封好，并预留出气口；通入高温蒸汽加热快速升温，使容器内温度在4小时内达到灭菌温度。常压灭菌时，温度达到100℃时开始灭菌计时，保持加热12～15小时，中间不能熄火，但在计时1小时后可将火力调小，到时间后停止加热。高压灭菌时，温度达到126℃时开始计时，时间为2～3小时。

包封好料包

常压锅炉加好水，开始生火

常压锅炉烧火加热

通入高温蒸汽

常压灭菌时，除了通过温度表查看温度，一般有大量热蒸汽冒出时，说明温度达100℃，可开始计时。

通过温度表测定灭菌温度

灭菌期间应注意补水，锅内水位不能低于最低水位线，否则水烧干后料袋会被烧坏，严重时锅也会被烧坏。

通过水位计观察锅内的水位

3. 出锅

灭菌完毕停止加热后，等锅内温度自然降至60℃以下，才能打开灭菌锅，将灭菌好的料袋搬入预先消毒好的接种场地。

出锅

出锅注意事项

①发现料袋口松了的，应重新扎紧袋口再搬运；

②发现料袋有破损的，应用透明胶带封住破洞；

③搬运人员搬运前应洗手，保持衣帽干净；

④搬运的容器要干净，不带尖锐物，以免扎破料袋；

⑤搬运时应轻拿轻放。

四、接种

接种是将食用菌的菌种放入灭菌消毒好的培养料中，使其在培养料中萌发生长。

1. 接种场所的清洁与消毒

接种过程空气等环境中的杂菌容易进入料包，在料包内萌发生长，与食用菌菌丝竞争营养，甚至危害食用菌。因此，在将灭菌后的料包搬入前，需预先对接种场地进行清洁和消毒处理。清洁和消毒主要有以下方面：

①清除接种场所内的杂物；

②扫除地面和墙面灰尘，若是泥地面则先撒石灰消毒再铺垫一层新的塑料薄膜；

③用新洁尔灭消毒液喷洒地面和墙面，若是在田间大棚内接种则用敌百虫等农药喷大棚四周，以杀虫驱虫；

④用烟雾消毒剂熏接种空间，以杀灭空气中的杂菌。

接种场所应进行2次烟雾消毒，分别在料包搬入前消毒1次，料包搬入后消毒1次。

接种房烟雾消毒剂消毒

2. 菌种的准备和质量检查

料包灭菌消毒后，最好在1~2天内接入菌种，否则会增加料包感染杂菌的风险，因此菌种应预先制备或订购好。食用菌菌种要求菌龄适宜、生长健壮、无杂菌。质量检查时主要掌握以下几点：

①菌袋外表菌丝满袋，洁白健壮，颜色均匀；

②袋壁和面上无较厚的菌皮、原基和菇蕾，否则说明菌龄太老，不能使用；

③袋壁和面上无青、黄、绿、黑、红等颜色，否则说明感染杂菌，不能使用；

④打开盖子，盖子内侧无杂菌附着；

⑤开盖后闻一闻，无异味，有菇的清香味。

正常的菌种

老化的菌种

41

生长不良的菌种

感染霉菌的菌种

3. 接种

接种操作需将灭菌好的料包打开或打孔后将食用菌菌种放入，此过程很容易带入杂菌，因此应尽量按照无菌操作的要求进行。接种步骤包括消毒、开菌种袋取种、开料包放种、菌包封口、菌包搬出摆放。

接种操作的基本要求如下：

①灭菌好的料包搬入前后接种箱均要用烟雾消毒剂消毒；

②接种人员衣帽要干净；

③操作人员的手和接种用具应先用含75%酒精的棉球擦拭消毒；

④操作人员不能对着打开袋口的菌种和料包说话，操作时尽量戴口罩；

⑤接种箱用烟雾消毒剂消毒结束30分钟后才能开始接种；

⑥打开菌种袋前，应先检查菌种质量，再用含75%酒精的棉球擦拭袋壁；接新的一袋菌种时，要更换新的酒精棉球；

⑦打开菌种袋时，动作要轻，半打开状态时进一步仔细检查是否有杂菌感染，若有杂菌，应重新封袋口，不使用；

⑧料包应打开一袋接种一袋，接入菌种后立即封口，袋口要扎紧，不能有松动；

⑨料包要轻拿轻放。

将灭菌好的料包搬入接种箱

接种箱接种（外观）

接种箱接种（内部）

4. 筒料菌包料面接种的操作步骤

筒料袋两头开口，要求两头接种，菌种均匀撒在料面，每袋重0.5千克的菌种可接种筒料菌包20袋。

打开料包

放入菌种（双人操作）

放入菌种（单人操作）

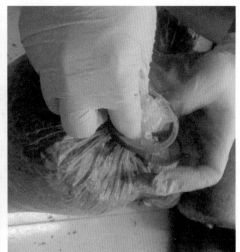

套上出菇圈

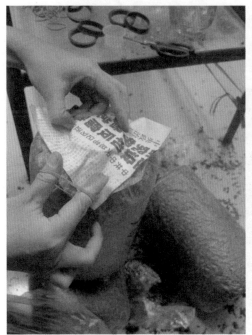

报纸封口并用皮筋固定

接种好的菌包

5. 香菇、木耳等长袋料包打孔接种的操作步骤

（1）先用含75%酒精的棉球擦拭料包接种面。

袋面消毒

（2）在料包上等间距钻孔4个，孔直径和深度均约为2厘米。

袋面打孔

（3）往孔中塞入菌种，要求塞满、塞紧。

长袋接种

（4）接种完后最好套一个较薄的外袋。接种箱接种时，将接种好的菌包从对面孔伸出，因孔外面套筒上套有薄袋，菌包直接进入薄袋中。

接种后套外袋

五、发菌管理

发菌即指接入菌种后，食用菌菌丝在料包中萌发和生长，直至菌丝长满袋，达到生理成熟但还没出菇的阶段。发菌时间的长短因食用菌品种而异，平菇、榆黄蘑等发菌时间为30~40天，木耳约50天，香菇则需60天以上。发菌环境的要求有以下几点：

①环境温度因食用菌品种而异，中高温品种如平菇、金福菇、大杯蕈、木耳、香菇等的发菌温度为25~30℃，低温品种如金针菇、杏鲍菇等的发菌温度为20~25℃；

②光线一般都要求较暗，需遮光；

③空气湿度一般控制在60%~70%为宜，较干爽；

④通气良好，空气新鲜；

⑤环境卫生良好，远离养殖场所。

1. 发菌场所的清洁消毒

（1）房屋内发菌，要在料包接种前预先对房间进行清扫，用新洁尔灭水溶液消毒地面和墙面，并用烟雾消毒剂消毒空气。

房屋内发菌

（2）大棚内发菌，要在料包接种前预先清除杂草、杂物，用敌百虫等杀虫剂喷洒棚内及四周，杀死和驱赶害虫。

大棚发菌

2. 菌包的摆放

接种后的菌包应及时搬入发菌场所内摆放，搬动时要轻拿轻放。筒料菌包和长袋菌包均卧式摆放，其中钻孔接种的菌包，接种孔应朝上；短袋菌包既可卧式摆放也可立式摆放。菌包的堆叠方式有墙垛式和井字形堆叠法。一般冬季温度低时采用墙垛式堆叠法，可堆高些，堆间距离可小些；夏季温度较高时采用井字形堆叠法，不能堆太高，堆间距应大些，以利于通风。有条件的可搭设层架，将菌包分散摆放至层架上。

木耳菌包墙垛式堆叠发菌

平菇菌包井字形堆叠发菌

平菇菌包上架摆放发菌

3. 温度的监测

发菌期间，应定期检查菌包堆内温度，避免高温烧坏菌丝。可在不同位置的堆内放置温度计，或直接用手触摸菌包。若中高温品种温度达到35℃以上，手感到温热，应及时加强发菌场所的通风降温，并将菌包堆散开，堆高降低。

检查发菌期间菌包温度

散堆摆开降温

4. 菌丝生长情况的监测

（1）菌种萌发情况检查

一般接种3～5天后，接种点菌丝变白则说明菌种已萌发，不变白则尚未萌发，发黑说明被杂菌感染。若菌种不萌发或萌发差，经检查，如果是因为菌种问题则应更换菌种，重新接种；如果是因为培养料不合适或灭菌不彻底，则应立即清除，重新配置培养料和灭菌。

接种点菌丝已变白，说明菌种已萌发

（2）菌丝生长情况检查

菌种萌发以后，每隔3～5天查看菌丝长势，若发现菌丝生长突然变缓慢，可能是环境温度和通气条件不合适，应调节环境条件。

菌包发菌情况抽查

（3）菌包病虫害情况检查

发菌期间还要观察菌包是否有杂菌感染和病虫为害发生，严重感染杂菌的菌包应及时清除，有虫害发生时应采取防患措施。

感染杂菌的菌包

发菌期虫害检查及黄板防虫

5. 香菇菌包的小刺孔处理

香菇菌丝长至15天左右时，菌包内二氧化碳浓度积累会使菌丝生长变缓慢。此时，要用消毒好的牙签或大头针对菌包进行刺孔排废气，以促进菌丝的生长。刺孔位置在香菇菌丝圈内距离边缘约1厘米处，刺孔数为4~6个，孔深度约2厘米。小刺孔操作可结合菌包翻堆一起进行。

香菇菌棒小刺孔

6. 菌包翻堆

翻堆是将菌包堆上、下和里、外各部位的菌包进行位置对调，使堆内不同位置菌包的发菌情况一致。

香菇的菌包一般在接种后15天左右，菌丝圈长至直径10厘米左右时翻堆。香菇菌包翻堆时，可结合小刺孔一起完成，并同时检查菌包是否感染杂菌，及时清除污染严重的菌包。翻堆后，菌包重新堆放时，原来墙垛式堆放的菌包应改为井字形堆放，还应将接种孔朝外侧摆放，使接种孔不被压住，增加透气性。

香菇菌包翻堆处理

翻堆后重新摆放的香菇菌包，呈井字形堆放，接种孔朝外侧摆放

发满菌丝的菌包

六、出菇管理

　　菌丝长满菌袋后，继续培养至菌丝开始出少量黄水，说明达到生理成熟，即可进入出菇管理阶段。不同食用菌品种对出菇环境的要求差异较大，但出菇管理的基本原则是对出菇环境因子进行调节，使出菇环境适宜食用菌子实体的形成和生长。

影响出菇的主要环境因子及常用调节管理措施

环境因子	措施
水分	空中喷淋
	地面浇灌
	保湿调节
温度	季节安排
	通风调温
	遮阳调温
	喷水降温
通气性	出菇棚的通风调节
光照	遮阳网或草帘调节

1. 平菇、榆黄蘑、秀珍菇、姬菇的出菇管理

（1）出菇场所安排

遮阳棚内菌包墙垛式摆放出菇

房屋内菌包层架摆放出菇

出菇棚前期准备要点：

①常采用钢架或竹木结构的遮阳大棚；

②棚内光照强度为100～200勒克斯，加盖单层或双层遮阳网遮阳；

③菌包搬入菇棚前应在地面撒石灰消毒；

④泥地面应铺垫一层遮阳网；

⑤菌包入棚时间为菌丝长满袋后；

⑥菌包可直接在地面按墙垛式垒堆，也可棚内搭层架，将菌包摆放在层架上，排间距50厘米以上。

（2）出菇期管理

①后熟管理：菌丝一般30天左右满袋，入棚后继续培养约10天，开始出现原基或菇蕾，此时应将袋口的报纸撕去。

菇蕾生长期

②温度管理：主要根据品种特性选择适宜的栽培季节，高温平菇、高温秀珍菇适宜的出菇温度为25～33℃，在广西一般安排在4～10月出菇；广温平菇、榆黄蘑、常温秀珍菇和姬菇适宜的出菇温度为20～25℃，在广西一般安排在11月至翌年3月出菇。同时还应结合遮阳、通风和喷水进行温度调控。

出菇棚顶部喷水降温

③通风管理：高温季节在晚上掀开大棚两侧的薄膜通风；每次浇水后，应将大棚门打开通风。

④水分管理：出菇期要求空气湿度为85%～90%。菇蕾期应喷雾和在地面喷水保湿，避免用水龙头直接对着菇蕾喷水；菇盖长至直径3厘米以上，可直接对菌棒和菇喷水，一般每天喷水2～3次；高温季节喷水应在早上和傍晚进行，避免中午高温时段喷水。

喷雾保湿

地面浇水保湿

水龙头直接喷淋

（3）采收

根据需要适时采收，一般平菇和榆黄蘑在菇盖边缘展开和上翘之前采收，采收时将整丛菇摇动拔出。

采收期的平菇

尚未到采收期的平菇

过度老熟的平菇

采收期的榆黄蘑

采收期的榆黄蘑

秀珍菇和姬菇的适宜采摘期为菇盖长至直径3～4厘米时，采收时先将整丛菇拔出，再用剪刀去除菇脚。

采收期的常温秀珍菇

采收期的姬菇

采收期的姬菇

2. 反季节秀珍菇的出菇管理

秀珍菇一般在秋冬季节温度较低时才能出菇，但在8℃左右的低温环境下刺激一段时间后，也可在25～30℃正常出菇，实现在广西5～11月反季节栽培出菇。

（1）出菇场所安排

①出菇棚整体结构：一般棚高6米、宽8米、长30米，顶部为双层屋脊结构，两层间留有空隙，利于通风换气。

秀珍菇棚架

②出菇棚外表：棚顶盖黑色塑料膜和化纤毯或茅草，四周用黑色遮阳网和黑色塑料膜遮盖以控制光照和保温。

秀珍菇棚架

③出菇棚内部结构：菇棚内纵向正中间留一条宽约2米的走道。走道两旁再搭建内棚，靠走道一侧棚高2.8米，靠边缘一侧的棚高2.2米。沿通道方向每间隔1.1米搭菌包架，架高1.8米、长3米，每架用毛竹隔为上、中、下3层。

棚架内部结构

（2）菇棒上架

秀珍菇菌棒可在接种后直接摆放到出菇棚内的菇架上，也可在菌丝长满菌包后（接种后50~60天），再搬入菇棚并摆上菇架。

摆上菇架准备出菇的秀珍菇菌棒

（3）低温刺激

①后熟处理：菌丝满袋后，继续培养约10天至达到生理成熟，即可进行低温刺激催蕾。

②喷水：低温刺激前，应对菌包和地面喷足水分，以免冷刺激时菌包干燥。

③低温刺激处理：通过内棚将需要冷刺激处理的菌包架用双层薄膜封住，形成封闭的隔间，再通过移动式水冷机向隔间内通入冷空气，使内部温度降至8～12℃，并持续12～14小时。

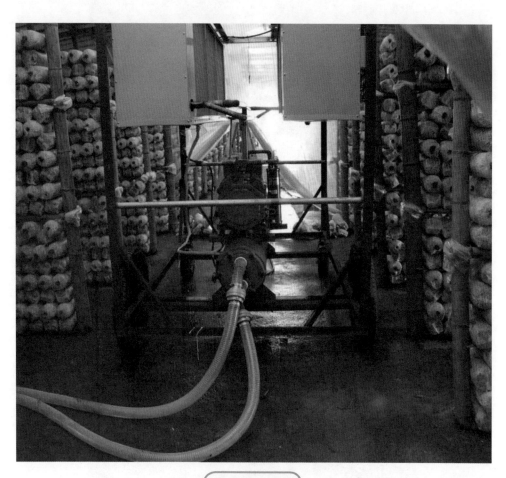

菇包低温刺激

（4）割袋口

停止通冷空气，待内棚温度回升至20℃以上后掀开薄膜，将袋口的塑料袋齐菌棒料面割去，露出料面。

割袋口

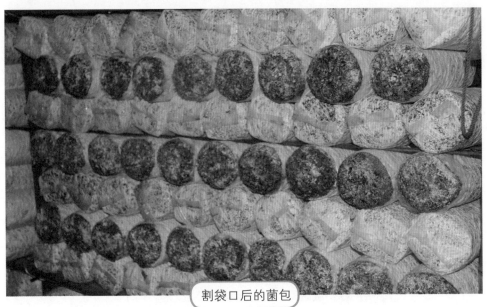

割袋口后的菌包

（5）闷棚

菌袋开袋后，菇棚用薄膜继续密封2天左右，增加二氧化碳浓度促使菇蕾形成，增长菇柄，期间温度保持在25～28℃，增加散射光。

冷刺激后2～3天开始出现菇蕾

冷刺激后3～4天菇柄伸长至3厘米

（6）护蕾管理与采收

①通风：待70%～80%菌袋菇蕾长到2～3厘米时，应逐步揭开密封的塑料薄膜，通风透气促进菌盖分化。

②喷水：向空中、地面喷水，使环境湿度达90%左右。

③温度条件：温度维持在28℃以下，若菇棚温度超过30℃，应在棚顶喷水降温。

④采收：当菇盖直径长到4厘米时即可采收。采收时，用剪刀从料面的菇柄处剪断，尽量保持菇体干净，采大留小。

达到采收标准的秀珍菇

采收秀珍菇

3. 毛木耳的出菇管理

（1）出菇场所安排

毛木耳的出菇棚和菇架设计可以与平菇的菇棚和菇架完全一样。

（2）出菇管理

①后熟管理：菌丝一般接种后30～40天满袋，此时将菌包搬入出菇棚上架，继续培养10～15天，开始出现原基，此时应将袋口的报纸撕去。

②温度管理：毛木耳适宜的出菇温度为25～30℃，在广西一般安排在3～11月出菇；同时还应结合遮阴、通风和喷水进行温度调控。

③通风管理：出菇期应保持空气流通清新，温度偏低时，通风宜在中午前后进行，温度偏高则在傍晚和早上进行；每次浇水后，应将大棚门打开通风至少30分钟。

④水分管理：出菇期要求空气湿度为85%～90%，若空气湿度偏低，应在耳场空间喷水；耳芽期喷水一般要求少量多次，轻喷、勤喷，并在地面喷水保湿；耳片长至直径3厘米以上后，可直接对菌棒和耳片喷水，此时每次喷水时间应长些，使耳片吸足水分，以后隔1～2天再喷水，保持木耳干湿交替；高温季节喷水应在早上和傍晚进行，避免中午高温时段喷水。

⑤光照条件：耳场要有散射光照射，光照强度为300～500勒克斯。

毛木耳墙垛式两头出菇

（3）采收

当耳片舒展下垂且肉质肥厚有弹性、耳根收缩、子实体有白色的孢子粉出现时，为毛木耳的采收适期，一般在采收前1～2天停止喷水，使耳片稍干燥，采耳时将子实体连根采下。

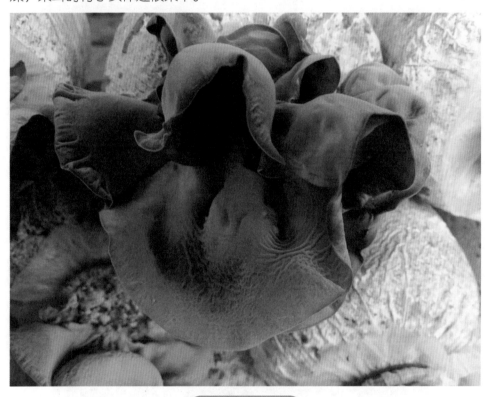

毛木耳采收适期

4. 黑木耳的出菇管理

（1）菌棒的后熟

黑木耳菌包接种后约45天可长满袋，满袋后不能马上出菇，还需10天左右的培养，当袋表面开始出现透明的圆形小点，才达到生理成熟，开始转入出菇管理阶段。

71

（2）菌袋划口

菌丝达到生理成熟后，就需在菌袋表面划口，让木耳子实体从划口处长出。一般规格为15厘米×55厘米的栽培袋制备的每个菌棒上共需划口150～180个。

黑木耳菌袋划口板，使用前需清洗并用75%的酒精消毒

黑木耳菌袋划口，按住菌包并顺着划口板滚一圈即可，划口深3～4毫米

划口后的黑木耳菌棒应重新井字形摆放，菌丝恢复
7~10天后再排场上架

（3）排场

待多数划口处有耳芽形成后，选择晴天的早晨，将黑木耳菌棒搬到出耳
场，脱去外袋，并摆放到出耳架上。

黑木耳出耳架

73

黑木耳菌棒上架摆放，菌棒袋口朝下斜靠摆放于支架上，每两个菌棒间留5～10厘米间距。一般每一横向支架摆放菌棒8个，每667平方米可摆放菌棒8000个

（4）出耳水分管理

①采用水雾喷带喷水。排场后2～3天刚出耳芽，喷水要求细喷、勤喷，每天喷水4～5次，每次喷10分钟，确保耳片膨胀湿润；同时在畦间的沟内灌水，控制耳场湿度为80%～90%。

②耳片长大后，每天喷水2～3次，每次喷水30分钟以上，确保耳片吸足水分。

③气温高于25℃时，应选择在清晨和傍晚喷水。

黑木耳幼耳期沟内灌水保湿

（5）黑木耳的采收

①耳片舒展、肥厚，根收缩变细，摇动菌棒时耳片明显摆动，说明木耳已经成熟可采收。

②采收前应停水1～2天。

③采收时应大小耳片一起采下，不留耳基，以防流耳和耳根溃烂。

④采收后应停水7天，待新耳基形成后再进行第二批的出菇管理。

成熟的黑木耳

黑木耳的采收

5. 香菇的出菇管理

（1）菌棒的后熟

香菇菌包接种后约50天可长满袋，满袋后继续培养，当袋表面开始出现爆米花状瘤状物时，表明菌丝达到生理成熟，可以进行刺孔和转色管理。

（2）菌袋刺孔

菌丝达到生理成熟后，就需在菌袋表面刺孔，增加菌包内部氧气，排出废气，以刺激菌丝生长和菌棒转色。每袋刺孔70～80个，孔径为0.5厘米，孔深4～5厘米。

香菇菌袋大刺孔

（3）转色

①刺孔后可将菌棒按井字形摆放，或者直接摆放到出菇架上，当菌丝色泽逐渐变深，并分泌褐色小水珠，开始转色，即白色菌丝表面形成褐色菌膜，即进入转色期。

②刺孔3天后，袋温会上升，应注意降温。

③转色期间适宜温度为20～25℃，低于18℃或高于28℃则转色困难。

④转色要有适当散射光，转色期为10～15天。

⑤袋内出现褐色水珠时，应及时排出，否则容易造成烂袋。

香菇菌棒井字形堆放转色

已转色的菌棒

（4）出菇管理

①菌棒上架：香菇菌棒转色后，至11月下旬气温适宜，菌袋内会有少量菇蕾出现时，可进入出菇管理阶段。此时应将菌包的袋子脱去，并将菌棒摆放至出菇架上。香菇出菇架搭设方法和菌棒的排场方法同黑木耳，但香菇的出菇架搭设在出菇棚内。

②水分管理：菌棒上架后，应常喷水，并在沟内灌水，保持菇棚内相对湿度为85%～90%。菇蕾期喷水应轻喷、勤喷；菇蕾长大些后，喷水可重些，每天早晚各喷水1次即可。

香菇出菇棚和支架，棚上应设置遮阳网，棚内支架高25～30厘米，间距约25厘米

菌棒上架，脱袋后的菌棒斜靠于支架上，菌棒间距为10～15厘米

香菇菇蕾期

香菇幼菇期

（5）采收

香菇菇体八成熟（菌盖边缘内卷，菌膜刚破裂）时即可采收。采收后应去除菇脚，停水养菌10天左右再喷水，进行下茬菇的出菇管理。

八成熟的香菇

（6）菌棒补水管理

采收二茬菇后，菌棒因失水变轻，因此之后每进入下一茬出菇管理前，都需用注水器向菌棒内补水。菌棒补水后重量达到上一茬出菇前菌棒重量的90%为宜。

香菇菌棒补水

6. 金福菇和鸡腿菇的出菇管理

　　金福菇和鸡腿菇均属于土生菌类，需要覆土才能出菇。当菌丝长满袋后即可覆土。

　　（1）覆土材料的调制

　　土壤应选用透气性和保水性均较好的壤性土；覆土前，土壤应用石灰和杀虫剂消毒处理，土壤水分以手抓土成团，落地散开为宜；土壤pH值调至7.5左右为宜。

覆土材料的消毒和水分调节

（2）覆土

覆土模式有袋面覆土和脱袋覆土2种，覆土厚约3厘米。

袋面覆土

脱袋覆土

（3）保湿

覆土后，应在土面覆盖稻草等保湿，以利于菌丝爬土。

覆盖稻草保湿

（4）菇蕾期管理

覆土后2～3天菌丝开始爬土，14天左右白色菌丝爬上土面。喷水使覆土层含水量达到饱和，并揭开覆盖物通风换气。一般喷出菇水后4～5天菌丝开始扭结形成原基发生菇蕾。菇蕾期应搭设小拱棚保湿，水分偏干时，应朝空中喷雾状水，每天喷水3～4次，每次喷水时间应短，要轻喷、勤喷。

金福菇菇蕾期喷雾状水

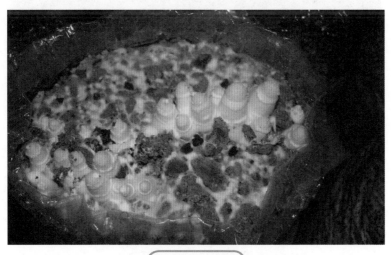

鸡腿菇菇蕾期

（5）子实体生长期的管理

子实体进入伸长期后，对环境适应性开始增强，每天可向出菇空间喷雾状水1~2次，每次喷水量可稍加大，但不能对着子实体喷水；同时加强通风换气，保持空气新鲜。

金福菇子实体伸长期

鸡腿菇子实体伸长期

（6）采收

①金福菇应在菇盖边缘尚未展开时整丛采收。

适宜采收的金福菇

超过采收期的金福菇

②鸡腿菇应在八成熟时采收，此时菇盖尚未松动，子实体结实。采收时用手捏住菇柄下部轻轻转动一下即可拔起。丛生菇时，应单个菇分别采收，尽量不碰伤小菇。

适合采收的鸡腿菇

③金福菇或鸡腿菇应在采收后清理土面菇脚和残余死菇蕾，用土填充采收处露口。第一批菇全部采收完后应整理土面，停水养菌10天左右，再补水进入下一茬的出菇管理。

七、鲜菇采后处理

不同食用菌品种，采收后鲜菇的处理方式不同，主要有以下处理办法：
①保持原状，直接鲜销，如平菇、榆黄蘑等。

平菇整丛采收后直接装箱

②覆土栽培品种鲜菇削菇脚、清理泥土，如鸡腿菇、金福菇等。

双孢蘑菇采收后削菇脚、清理泥土

③清理、分选和修剪后真空包装和冷藏处理，如秀珍菇、姬菇、杏鲍菇等。

秀珍菇采收后剪菇脚和分选

杏鲍菇真空包装和冷藏处理

④晒干处理，如黑木耳、毛木耳等。

黑木耳晒干处理

⑤烘干处理，如香菇、灵芝等。

香菇烘干处理